四川省工程建设地方标准

四川省既有建筑电梯增设及改造技术规程

DBJ51/T 033 – 2014

Technical specification for elevator adding or modifying
in existing buildings in Sichuan Province

主编单位： 四 川 省 建 筑 设 计 研 究 院
批准部门： 四 川 省 住 房 和 城 乡 建 设 厅
施行日期： 2 0 1 5 年 1 月 1 日

U0205795

西南交通大学出版社

2015 成 都

图书在版编目（CIP）数据

四川省既有建筑电梯增设及改造技术规程/四川省建筑设计研究院主编.—成都：西南交通大学出版社，2015.1（2015.10重印）

（四川省工程建设地方标准）

ISBN 978-7-5643-3620-2

Ⅰ. ①四… Ⅱ. ①四… Ⅲ. ①电梯–增加–技术规范②电梯–技术改造–技术规范 Ⅳ. ①TU857-65

中国版本图书馆 CIP 数据核字（2014）第 313219 号

四川省工程建设地方标准

四川省既有建筑电梯增设及改造技术规程

主编单位　四川省建筑设计研究院

责 任 编 辑	曾荣兵
助 理 编 辑	胡晗欣
封 面 设 计	原谋书装
出 版 发 行	西南交通大学出版社 （四川省成都市金牛区交大路 146 号）
发行部电话	028-87600564　028-87600533
邮 政 编 码	610031
网　　　址	http://www.xnjdcbs.com
印　　　刷	成都蜀通印务有限责任公司
成 品 尺 寸	140 mm × 203 mm
印　　　张	2.5
字　　　数	60 千字
版　　　次	2015 年 1 月第 1 版
印　　　次	2015 年 10 月第 2 次
书　　　号	ISBN 978-7-5643-3620-2
定　　　价	26.00 元

关于发布四川省工程建设地方标准
《四川省既有建筑电梯增设及改造技术规程》
的通知

川建标发〔2014〕569号

各市州及扩权试点县住房城乡建设行政主管部门，各有关单位：

由四川省建筑设计研究院主编的《四川省既有建筑电梯增设及改造技术规程》，已经我厅组织专家审查通过，现批准为四川省推荐性工程建设地方标准，编号为：DBJ51/T 033－2014，自2015年1月1日起在全省实施。

该标准由四川省住房和城乡建设厅负责管理，四川省建筑设计研究院负责技术内容解释。

四川省住房和城乡建设厅

2014年11月3日

前　言

根据四川省住房和城乡建设厅《关于下达四川省工程建设地方标准〈四川省既有建筑电梯增设及改造技术规程〉编制计划的通知》（川建标发〔2014〕82 号文）的要求，由四川省建筑设计研究院会同有关单位共同编制本规程。

规程编制组经广泛调查研究，认真总结省内各地实践经验，在广泛征求意见的基础上，制定本规程。

本规程共分 8 章，主要内容包括：总则、术语和符号、基本规定、建筑设计、结构设计、建筑设备、施工、验收。

本标准由四川省住房和城乡建设厅负责管理，四川省建筑设计研究院负责具体技术内容的解释。请各单位在执行过程中，结合工程实践，总结经验。如有意见和建议，请寄至成都市高新区天府大道中段 688 号（大源国际中心）1 栋四川省建筑设计研究院《四川省既有建筑电梯增设及改造技术规程》编制组（电话：028-86933790；邮编：610000；邮箱：scsjy1953@163.com）。

主编单位：四川省建筑设计研究院

参编单位：四川省建筑科学研究院
　　　　　成都市第七建筑工程公司
　　　　　成都市墙材革新建筑节能办公室
　　　　　成都市工业设备安装公司
　　　　　铃木电梯（中国）有限公司

主要起草人：章一萍　　贺　刚　　吴　体　　傅　宇
　　　　　　　张仕忠　　胡　笳　　邹秋生　　王　瑞
　　　　　　　胡　斌　　涂　舸　　肖承波　　唐元旭
　　　　　　　陈志敏　　陈　适　　陈永生　　陈建华
　　　　　　　陈　杨
主要审查人：毕　琼　　刘明康　　黄光洪　　刘小舟
　　　　　　　戎向阳　　李宇舟　　王　洪　　唐　明
　　　　　　　陈德良

目　次

Contents

1 总 则

1.0.1 为了在既有建筑电梯增设及改造的工程设计、施工和验收中贯彻执行国家的技术经济政策，做到安全适用、经济合理、方便施工，制定本规程。

1.0.2 本规程适用于四川省民用建筑中既有建筑电梯增设及改造的设计、施工和验收。

1.0.3 既有建筑电梯增设及改造的工程设计、施工和验收除应符合本规程外，尚应符合国家和地方现行有关技术标准的规定。

2 术语和符号

2.1 术 语

2.1.1 既有建筑 existing building

通过竣工验收的建筑或国家实行竣工验收制度之前建造的建筑。

2.1.2 安全性鉴定 appraisal of safety

对民用建筑的结构承载力和结构整体稳定性所进行的调查、检测、验算、分析和评定等一系列活动。

2.1.3 抗震鉴定 seismic appraisal

通过检查既有建筑的设计、施工质量和现状，按规定的抗震设防要求，对其在地震作用下的安全性进行评估。

2.1.4 检测 testing

对结构的状况或性能所进行的现场测量和取样试验等工作。

2.1.5 结构加固 strengthening of structure

对可靠性不足或业主要求提高可靠度的承重结构、构件及其相关部分采取增强、局部更换或调整其内力等措施，使其具有现行设计规范及业主所要求的安全性、耐久性和适用性。

2.1.6 增大截面加固法 structure member strengthening with increasing section area

增大原构件截面面积并增配钢筋，以提高其承载力和刚度，或改变其自振频率的一种直接加固法。

2

2.1.7 外包型钢加固法 structure member strengthening with externally wrapped shaped steel

对钢筋混凝土梁、柱外包型钢及钢缀板焊成的构架，以达到共同受力并使原构件受到约束作用的加固方法。

2.1.8 复合截面加固法 structure member strengthening with externally bonded reinforced material

通过采用结构胶粘剂粘结或高强聚合物改性水泥砂浆（以下简称聚合物砂浆）喷抹，将增强材料粘合于原构件的混凝土表面，使之形成具有整体性的复合截面，以提高其承载力和延性的一种直接加固法。根据增强材料的不同，可分为外粘型钢、外粘钢板、外粘纤维增强复合材料和外加钢丝绳网-聚合物砂浆面层等多种加固法。

2.1.9 外加面层加固法 external layer strengthening

通过外加钢筋混凝土面层或钢筋网砂浆面层，以提高原构件承载力和刚度的一种加固方法。

2.1.10 壁柱加固法 brick wall(column) strengthening with concrete columns

在砌体墙垛(柱)侧面增设钢筋混凝土柱，形成组合构件的加固方法。

2.1.11 加固设计使用年限 design working life for strengthening of existing structure or its member

加固设计规定的结构、构件加固后无需重新进行检测、鉴定即可按其预定目的使用的时间。

2.2 符　号

f_{sc}——长期压密地基土静承载力特征值（kPa）；

f_s——地基土静承载力特征值（kPa），其值可按现行国家标准《建筑地基基础设计规范》GB 50007 采用；

ζ_c——地基土长期压密提高系数；

P_0——基础底面实际平均压应力（kPa）。

3 基本规定

3.0.1 既有建筑电梯增设及改造应结合建筑实际情况，因地制宜进行设计，并遵循建筑功能和交通组织合理、结构安全、对环境影响控制到最小的原则。

3.0.2 既有建筑电梯增设及改造应依据现行设计规范、原有相关资料、改造要求、电梯资料和电梯增设及改造前结构的技术鉴定报告等进行。

3.0.3 当增设及改造电梯兼作消防电梯时，应满足消防电梯的有关规定。

3.0.4 既有建筑电梯增设及改造工程施工现场质量管理，应有相应的施工技术标准、健全的质量管理体系、施工质量控制与质量检验制度以及综合评定施工质量水平的考核制度。

3.0.5 在施工期间及使用期间应按照《建筑地基基础设计规范》GB 50007 和《建筑变形测量规范》JGJ 8 的相关要求对房屋进行沉降变形观测。

3.0.6 从事既有建筑电梯增设及改造工程施工的人员应具备相应资格。

3.0.7 承担施工及有关安全性能检测的单位必须具有相应资质。

3.0.8 从事结构加固的施工单位须取得相应的加固施工资质，并在资质范围内从事加固施工。

3.0.9 从事结构加固的操作人员须取得相应的岗位培训证书并持证上岗。

4 建筑设计

4.1 一般规定

4.1.1 既有建筑电梯增设及改造后，其建筑间距、建筑日照、建筑使用功能、消防安全等应符合国家和四川省现行相关规范的要求，不应影响周边有日照要求的建筑，并满足消防车通行要求。

4.1.2 既有建筑电梯增设及改造既应满足建筑功能的要求，同时要避免或减少因电梯增设及改造后对建筑的风、光和声环境的影响。当对既有建筑的风、光、声环境的影响不可避免时，其通风、采光标准和环境噪声控制值宜符合现行相关规范，不得低于既有建筑修建时的相关规范要求。

4.1.3 增设及改造外凸的电梯或电梯厅时，应与周边道路保持安全距离。

4.2 设 计

4.2.1 既有建筑电梯增设及改造可根据建筑平面设计和建筑功能要求，采用建筑外部增设及改造电梯或建筑内部增设及改造电梯的方式。

4.2.2 电梯增设及改造的台数、额定速度、额定载重等应根据建筑功能、建筑既有条件（包括高度、空间、结构形式等）、使用要求、服务人数等情况按相关规范进行合理选择。

4.2.3 十一层及以下住宅电梯增设及改造宜设置可容纳担架的电梯，十二层及以上住宅应设置可容纳担架的电梯，已有设置的除外。

4.2.4 当住宅电梯增设及改造为可容纳担架的电梯时，可用带尾箱隐藏式担架的电梯。电梯轿厢及候梯厅净尺寸应满足容纳担架的要求。

4.2.5 电梯增设及改造的位置不应影响既有建筑的功能和交通，并与建筑原有功能和交通相匹配。

4.2.6 既有建筑电梯增设及改造应严格控制候梯厅及入户连廊等面积，电梯井面积应根据实际安装电梯所需面积确定，不应擅自增加与电梯增设及改造无关的建筑面积。

4.2.7 电梯增设及改造应考虑与既有建筑原楼梯间、前室、消防电梯等的关系，宜利用阳台、凹廊等开敞空间解决前室或合用前室的通风、采光等要求。

4.2.8 电梯井道应避免紧邻有噪声控制要求的房间。当受条件限制，无法避免时应采取隔声、减震的构造措施。

4.2.9 既有建筑增设及改造电梯的建筑立面应与既有建筑立面整体风格协调统一，同时满足城市规划的要求。

4.2.10 既有建筑外部增设及改造电梯时应处理好加建部分与既有建筑之间的防水构造。

4.2.11 既有建筑电梯增设及改造的底坑，宜为钢筋混凝土结构。当底坑与既有建筑地下室无连通且不破坏既有建筑防水层时，其防水等级不应低于二级；当与既有建筑地下室连通，其防水等级应不低于既有建筑地下室防水等级。利用阳台等开敞空间增设的电梯厅应有防水措施。

4.2.12 既有建筑电梯增设及改造的结构形式为钢结构时，应对钢结构进行防火处理，耐火等级和耐火极限不得低于既有建筑相应结构构件的要求，并满足现行防火规范要求。

4.2.13 非砌体结构的电梯井壁宜选用轻质不燃烧体材料。当设计玻璃幕墙围护结构的观光电梯时，应对金属受力构件采取防火隔热措施，并采用夹层玻璃和防护栏杆等安全防护措施。

4.2.14 既有建筑电梯增设及改造的底坑如悬在建筑使用空间内时，不宜使用底坑下方部分的空间。确有需要使用时，应采取在对重装置上增设安全钳、在满足结构计算前提下于底坑下方对重运行区域加设一直延伸到坚固地面上的实心桩墩等方式。

4.2.15 既有建筑电梯增设及改造为无障碍电梯，当出现既有建筑出入口未作无障碍设计、候梯厅门在楼梯半层平台或与建筑地面有高差等情况时，应对既有建筑进行无障碍改造设计。

4.2.16 条件许可时，既有建筑电梯增设及改造应设置轿厢安全门和轿厢安全窗。

5 结构设计

5.1 一般规定

5.1.1 既有建筑电梯增设及改造应结合使用要求和原有建筑的既有条件，在尽量不改变原有建筑的结构形式和不破坏原建筑基础的原则下进行。

5.1.2 既有建筑电梯增设及改造对原结构的安全性有影响时，应按现行国家标准《民用建筑可靠性鉴定标准》GB 50292对原结构相关部分进行鉴定。有抗震设防要求的建筑，尚应按《建筑抗震鉴定标准》GB 50023 和《四川省建筑抗震鉴定与加固技术规程》DB 51/T 5059 对原结构进行抗震鉴定。

5.1.3 既有建筑电梯增设及改造的结构加固设计除满足本规程的要求外，尚应满足现行国家标准《砌体结构加固设计规范》GB 50702、《混凝土结构加固设计规范》GB 50367、《钢结构加固设计规范》CECS 77、《建筑抗震加固技术规程》JGJ 116 等的相关要求。

5.1.4 当既有建筑电梯增设及改造涉及地基基础的加固时，应按现行行业标准《既有建筑地基基础加固技术规范》JGJ 123 有关规定进行加固设计。

5.1.5 增设电梯的既有建筑的结构部分设计使用年限，应按下列原则确定：

    1 由业主和设计单位共同确定。

    2 当增设电梯建筑的结构与原结构脱开时，增设的新结构设计使用年限可按新建结构确定。

3 当增设电梯结构与原结构相连且荷载传至原结构时，增设电梯结构设计使用年限与原结构的剩余使用年限相关，确定原则如下：

1） 当原结构剩余设计使用年限不大于 30 年时，增设电梯结构设计使用年限可采用原结构的剩余使用年限。

2） 当原结构剩余设计使用年限大于 30 年且结构的改造材料中含有合成树脂或其他聚合物成分时，增设电梯结构设计使用年限宜按 30 年考虑；当业主要求采用原结构的剩余使用年限时，其所使用的胶和聚合物的粘结性能，应通过耐长期应力作用能力的检验。

4 使用年限到期后，当重新进行的可靠性鉴定认为该结构工作正常，可继续延长使用年限。

5 对使用胶粘方法或掺有聚合物材料加固的结构、构件，尚应定期检查其工作状态。检查的时间间隔由设计确定，但第一次检查时间不应迟于 10 年。

5.1.6 既有建筑电梯增设及改造设计应明确结构改造后的用途。在改造设计使用年限内，未经技术鉴定或设计许可，不得改变改造后结构的用途和使用环境。

5.2　材　料

5.2.1 当增设或改造电梯位于既有建筑内部时，采用的混凝土强度的等级应比原结构、构件提高一级，且不得低于 C30。

5.2.2 既有建筑电梯增设及改造用砌体结构材料应符合下列规定：

1 普通砖和多孔砖的强度等级不应低于 MU10，其砌筑砂浆强度等级不应低于 M7.5。

2 砌体材料的耐久性应符合现行国家标准《砌体结构设计规范》GB 50003 - 2011 第 4.3.5 条的规定。

5.2.3 既有建筑电梯增设及改造的结构形式为砌体结构时，块材宜采用与原结构同一品种，块材质量不应低于一等品。

5.2.4 加固砌体结构外加面层用的水泥砂浆，若为普通水泥砂浆，其强度等级不应低于 M10；若为水泥复合砂浆，其强度等级不应低于 M25。

5.2.5 混凝土加固用的钢材应采用 Q235B 级或 Q345B 级。

5.2.6 混凝土结构加固用的钢筋宜优先采用延性、韧性和焊接性较好的钢筋。纵向受力钢筋宜选用 HRB400 或 HRB500 级钢筋；箍筋宜选用 HRB400 或 HPB300 级钢筋。当混凝土结构锚固件为植筋时，应使用热轧带肋钢筋，不得使用光圆钢筋。

5.2.7 当后锚固件为钢螺杆时，应采用全螺纹的螺杆，不得采用锚入部位无螺纹的螺杆。螺杆的钢材等级应为 Q345 级或 Q235 级，其质量应分别符合现行国家标准《低合金高强度结构钢》GB/T 1591 和《碳素结构钢》GB/T 700 的规定。

5.2.8 纤维复合材的纤维必须为连续纤维，其品种和质量应符合下列规定：

1 承重结构加固用的碳纤维，应选用聚丙烯腈基不大于 15 K 的小丝束纤维。

2 承重结构加固用的芳纶纤维，应选用饱和吸水率不大于 4.5% 的对位芳香族聚酰胺长丝纤维。且经人工气候老化 5000 h 后，1000 MPa 应力作用下的蠕变值不应大于 0.15 mm。

3 承重结构加固用的玻璃纤维，应选用高强度玻璃纤维、耐碱玻璃纤维或碱金属氧化物含量低于 0.8% 的无碱玻璃纤维，严禁使用高碱的玻璃纤维和中碱的玻璃纤维。

4 承重结构加固工程，严禁采用预浸法生产的纤维织物。

5.2.9 对重要结构、悬挑构件、承受动力作用的结构、构件，应采用 A 级胶粘剂；对一般结构可采用 A 级胶粘剂或 B 级胶粘剂。胶粘剂性能指标应满足国家现行规范《混凝土结构加固设计规范》GB 50367 的相关要求。

5.3 结构鉴定

5.3.1 既有建筑电梯增设及改造工程的鉴定，应按规定的程序（图 5.3.1）进行。

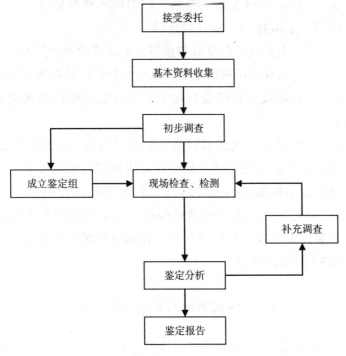

图 5.3.1 鉴定程序

5.3.2 既有建筑电梯增设及改造鉴定收集的基本资料除应包括现行国家标准《民用建筑可靠性鉴定标准》GB 50292 和《建筑抗震鉴定标准》GB 50023 要求的资料外，尚应包括拟增设电梯的土建条件、安装要求等相关资料。

5.3.3 既有建筑电梯增设及改造工程鉴定时，应对下列内容进行分析评价：

  1 增设电梯改造前的既有建筑物的安全性和抗震性能；

  2 增设电梯改造对既有建筑物的安全性和抗震性的影响；

  3 受增设电梯改造影响的结构构件的材料强度、几何尺寸、配筋、承载能力、设计构造等；

  4 增设电梯改造的基坑与相邻原地基基础的相关关系。

5.3.4 增设电梯或电梯改造的现场检测抽样应符合下列规定：

  1 应对增设电梯改造直接受影响的结构构件的现状进行普查；

  2 对增设电梯改造直接受影响的结构构件的材料强度、构造及配筋等进行的检测，其抽样量应按现行国家标准《建筑结构检测技术标准》GB/T 50344 中的 B 类检测类别执行；

  3 对建筑物其余部位材料强度、构造及配筋等进行的检测，其抽样量应按现行国家标准《民用建筑可靠性鉴定标准》GB 50292 的规定执行。

5.4　结构加固和新增结构设计

5.4.1 既有建筑电梯增设及改造时，其设计和计算原则应符合下列要求：

1 现场检测的材料强度不低于原设计的强度时，宜按设计图纸明确的强度等级采用；现场检测的材料强度低于原设计的强度时，应按现场检测的强度采用；

2 构件几何尺寸应按照实际检测值采用；

3 加固设计的荷载应考虑增设电梯前和增设电梯后的荷载差异；

4 应根据具体情况考虑增设电梯对结构整体性的影响。

5.4.2 当增设电梯位于既有建筑外部且与主体结构无连接时，甲、乙类建筑及高度大于 24 m 的丙类建筑，不应采用单跨钢筋混凝土框架结构或单跨钢框架结构；高度不大于 24 m 的丙类建筑不宜采用单跨钢筋混凝土框架结构或单跨钢框架结构。

5.4.3 当既有建筑外部增设电梯时，增设部分的结构形式宜采用钢结构，也可结合既有建筑的实际情况采用钢筋混凝土结构或砌体结构。

5.4.4 既有建筑增设电梯新增构件的荷载取值、设计计算、设计构造等应满足现行国家标准《建筑结构荷载规范》GB 50009、《建筑地基基础设计规范》GB 50007、《混凝土结构设计规范》GB 50010 和《钢结构设计规范》GB 50017 等的要求。

5.4.5 当增设的电梯位于既有建筑外部时，增设部分结构与主体结构的连接应考虑与主体结构的变形协调及对主体结构的影响，选择合理的连接方式。增设部分的结构形式采用钢结构时，与主体结构的连接宜采用竖向可以滑动的铰接。

5.4.6 当在既有建筑外部增设电梯时，如经验算既有建筑结构的承载力和变形不能满足要求时，可采用下列方法对原结构构件进行加固：

    1 当原结构邻近新增电梯侧为钢筋混凝土框架，需要原框架梁或柱对新增电梯井道提供侧向支撑时，可对原梁或柱采用增大截面、外粘型钢等加固法进行处理。

    2 当原结构邻近新增电梯侧为砖墙时，需要原砖墙对新增电梯井道提供侧向支撑时，可对原砖墙采用增设钢筋混凝土壁柱、钢筋混凝土面层或钢筋网水泥砂浆面层等加固法进行处理。

    3 当原结构邻近新增电梯侧为钢结构，需要原钢结构对新增电梯井道提供侧向支撑时，可对原钢结构局部增设钢支撑，或对原钢梁、钢柱采用加大构件截面等加固法进行处理。

5.4.7 当在既有建筑内部增设电梯或改造时，如经验算既有建筑结构的承载力和变形不能满足要求时，可采用下列方法对原结构构件进行加固：

    1 当新增电梯井道周围的原结构为钢筋混凝土框架结构时，可对原梁或柱采用增大截面、外粘型钢、粘贴纤维复合材等加固法进行处理。

    2 当新增电梯井道周围的原结构为砌体结构时，可对原砌体结构采用增设钢筋混凝土壁柱、钢筋混凝土面层或钢筋网水泥砂浆面层等加固法进行处理；新增电梯井道的梁与原墙体间应可靠连接。

    3   当新增电梯井道周围的原结构为钢结构时，可对原钢梁、钢柱采用加大构件截面、增设支点等加固法进行处理。

    4   当增设电梯改造，结构的变形验算不满足要求时，可采用增设钢支撑、屈曲约束支撑、钢筋混凝土剪力墙、阻尼器等方法进行处理。

5.4.8 当增设电梯位于既有建筑外部时，宜单独设置基础。如需将电梯的基础置于原有基础上，应考虑对原有基础的影响。

5.4.9 当增设及改造电梯位于既有建筑内部时，电梯基坑的设置不宜破坏原有基础的防水层，不得损坏原有基础。

5.4.10 当进行增设电梯的结构地基基础设计时，应考虑增设电梯与原建筑结构之间的差异沉降的影响并进行相应的沉降差评估。

5.4.11 当原房屋经长期使用，未出现裂缝和异常变形，地基沉降均匀，上部结构刚度较好，在增设电梯加固改造时，其原地基承载力特征值可适当提高，按下式计算：

$$f_{sc} = \zeta_c f_s$$

式中 f_{sc}——长期压密地基土静承载力特征值（kPa）；

        f_s——地基土静承载力特征值（kPa），其值可按现行国家标准《建筑地基基础设计规范》GB 50007采用；

        ζ_c——地基土长期压密提高系数，其值可按表 5.4.11采用。

表 5.4.11　地基土承载力长期压密提高系数

年限与岩土类别	P_0/f_s			
	1.0	0.8	0.4	< 0.4
4 年以上的砾、粗、中、细、粉砂				
6 年以上的粉土和粉质粘土	1.2	1.1	1.05	1.0
8 年以上地基静承载力特征值大于 100 kPa 的粘土				

注：1. P_0 指基础底面实际平均压应力（kPa）；

　　2. 使用期不够或岩石、碎石土、其他软弱土，提高系数值可取 1.0。

5.4.12　在原结构室内增设电梯或改造，当荷载增加较大时，应对原房屋地基情况进行补充勘察。可采用下列方法对原地基基础进行加固：

　　1　当荷载增加、地基承载力或基础底面尺寸不满足要求，且基础埋置较浅、基础具有扩大条件时，可采用混凝土套或钢筋混凝土套扩大基础底面积。

　　2　当不宜采用混凝土套或钢筋混凝土套加大基础底面积时，可将原独立基础改为条形基础或将原条形基础改为十字交叉条形基础等。

　　3　当原房屋地基持力层为砂土、粉土等时，可采用注浆加固法、坑式静压桩或钢管桩等对原房屋地基进行加固处理。

5.5　构造规定

5.5.1　主体结构上后置连接件的锚固，可采用特殊倒锥形胶粘型锚栓、有机械锁键效应的后扩底锚栓或钻孔植筋锚固普通螺栓，并应符合现行国家标准《混凝土结构加固设计规范》GB 50367 的相关要求。

5.5.2 既有建筑电梯增设及改造时，新增电梯钢立柱与主体结构上后置连接件之间的连接，宜采用普通螺栓。

5.5.3 既有建筑电梯增设及改造时，连接焊缝应满足相应的连接强度要求。现场焊接的焊缝，应进行现场防腐涂装。

5.5.4 焊缝质量等级：熔透焊及拼接焊缝不应低于二级，其他焊缝不应低于三级。

5.5.5 增设部分的结构形式采用钢结构时，钢柱截面的宽度和高度不宜小于 200 mm，钢梁截面的宽度和高度分别不宜小于 150 mm 和 200 mm。

5.5.6 增设部分的结构形式采用砌体结构时，外墙四角及所有纵横墙交接处应设置构造柱，构造柱的截面不宜小于 240 mm×240 mm。构造柱配筋不应低于表 5.5.6 的要求。

表 5.5.6　砌体结构构造柱配筋要求

配　筋	烈　度					
	非抗震	6、7 度		8 度		9 度
		≤6 层	>6 层	≤5 层	>5 层	
最小纵筋	4φ12	4φ12	4φ14	4φ12	4φ14	4φ14
箍筋间距/mm	250	100/250	100/200	100/250	100/200	100/200

注：1. 箍筋间距一栏中 100/250、100/200，100 表示构造柱上、下端加密区箍筋间距；

　　2. 房屋四角的构造柱应适当加大截面及配筋。

5.5.7 增设部分的结构形式采用砌体结构时，所有增设的墙体在屋盖及每层楼盖处应设置圈梁，圈梁截面高度不应小于150 mm，配筋应符合表 5.5.7 的要求。

表 5.5.7　砌体结构圈梁配筋要求

配　筋	烈　度		
	6、7 度及非抗震	8 度	9 度
最小纵筋	4Φ10	4Φ12	4Φ14
箍筋最大间距/mm	200	200	150

5.5.8 增设部分的结构形式采用钢筋混凝土框架结构时，框架柱截面的宽度和高度，四级或不超过 2 层时不宜小于 300 mm，一、二、三级且超过 2 层时不宜小于 350 mm；圆柱的直径，四级或不超过 2 层时不宜小于 350 mm，一、二、三级且超过 2 层时不宜小于 400 mm。

注：一、二、三、四级指抗震等级。

6 建筑设备

6.1 暖通空调

6.1.1 电梯机房应有良好的通风措施，机械通风无法满足设备环境温度要求时，应设置空调装置对机房降温。

6.1.2 电梯井道应有通风设施，并满足下列要求：

    1 有机房电梯的井道宜利用顶部曳引钢丝绳等开口自然通风；

    2 无机房电梯的井道，自然通风无法满足设备环境温度要求时，应设置机械通风装置；

    3 设有轿厢空调的电梯，其井道采用自然通风无法满足卫生及温度要求时，应设置机械通风装置；

    4 除本条文第 1 款中的情况以外，电梯井道的自然通风口应直通室外，并宜设置可严密关闭的装置；

    5 电梯井道的机械通风系统应严格按照现行国家防火规范的要求执行；同时，连接电梯井道的通风管道应设置与风机联动的常闭风阀。

6.1.3 严寒及寒冷地区电梯井道内设置的采暖设施应满足以下要求：

    1 不得采用蒸汽和高压水作为热源；

    2 采暖设备的控制与调节装置应安装在井道外。

6.1.4 建筑的防烟楼梯间及其前室、消防电梯前室、合用前室、走道及其他房间，因电梯增设及改造造成原有防排烟设施无法满足使用要求时，应按照相关规范的要求进行改造。

6.2 给水排水

6.2.1 新增电梯设在建筑物外且雨水有可能进入电梯井时，电梯井底应设排水设施。

6.2.2 增设消防电梯时，消防电梯前室应设消火栓，且消防电梯井底应设排水设施。

6.2.3 增设电梯应按《建筑灭火器配置设计规范》GB 50140设置灭火器。

6.2.4 电梯井底集水坑的设置不应影响电梯安装、检修和维护管理，位置应邻近需排水的电梯井。集水坑容积、排水泵的流量应符合《建筑设计防火规范》GB 50016的要求。

6.2.5 电梯井底集水坑不得收集地坪排水和水沟排水。

6.2.6 电梯增设及改造影响原有给排水及消防给水系统时，应对原设计进行修改，确保满足使用要求并符合相关规范规定。

6.3 建筑电气

6.3.1 增设及改造电梯的用电负荷级别确定、供配电设计应符合国家现行《供配电系统设计规范》GB 50052、《低压配电设计规范》GB 50054、《通用用电设备配电设计规范》GB 50055、《建筑设计防火规范》GB 50016、《民用建筑电气

设计规范 》JGJ 16 等规范规定。配电系统应采用 TN-S 或 TN-C-S 接地型式。

6.3.2 新增电梯用电宜设置计量装置。

6.3.3 增设及改造电梯的供电线路不得敷设在电梯井道内，不得沿外墙明敷设。除电梯专用的线路外，其他线路不得在电梯井道内敷设。

6.3.4 增设及改造电梯的轿厢内应设置与外界联系的装置，轿厢内宜能与值班管理室直接通话。

6.3.5 当既有建筑设有视频监控系统时，应在新增电梯轿厢内设置摄像机，并将信号引至监控主机。

6.3.6 电梯机房、井道、轿厢中电气装置应采取间接接触保护。电梯的金属构件应采取等电位联结措施。

6.3.7 应对电梯增设及改造后的建筑平面进行照明、防雷接地、消防等设计。

7 施 工

7.1 施工准备

7.1.1 施工前应先熟悉图纸，调查电梯基础位置是否有地下管线、障碍物等，并结合调查情况编制施工组织设计。

7.1.2 使用的原材料、成品、半成品必须符合现行国家相关标准、设计文件、施工方案及本规程5.2节的规定。

7.1.3 进场原材料、成品、半成品，进场时应按相关规范检验，复验。

7.2 土建施工

7.2.1 基础施工前应按电梯基础设计及施工方案做好准备工作，必要时电梯基础的基坑应采取支护及排降水措施。

7.2.2 电梯基坑开挖至设计高程后，应按现行国家验收标准进行验槽。

7.2.3 室内剔除梁、板混凝土应使用小锤剔凿，严禁用大锤或风镐施工，应避免对原结构造成损坏；留用钢筋应保护，严禁切割。

7.2.4 基础的钢筋绑扎和预埋安装后，应按设计要求检查验收，合格后方可浇筑混凝土，浇筑过程不得碰撞、移位钢筋和预埋件，混凝土浇筑后应及时养护。基础四周应回填土方并夯实，密实度须达到设计要求。

7.2.5 当预埋螺栓位置偏差大于设计及规范要求时，应与建设单位、设计单位、监理单位共同协商解决，严禁自行在母材上钻孔或气焊扩孔。

7.2.6 基础施工完毕后应按《建筑地基基础工程施工质量验收规范》GB 50202 进行质量验收，验收合格后方可进入主体结构施工阶段。

7.2.7 新增结构与原结构连接部位的施工，宜在对原结构加固完毕后进行。在施工过程中，若发现原结构或相关工程的隐蔽部位的构造存在严重缺陷时，应会同建设单位、设计单位、监理单位采取有效措施后方能继续施工。

7.2.8 对原结构进行植筋和化学锚栓施工时，钻孔前应测定构件内部钢筋情况，避开构件内受力钢筋。严禁损伤原有钢筋，必要时钻孔应让位，适当调整，同时钢结构节点板也应据此适当调整。

7.2.9 成孔后应除净孔中灰屑并保持孔道干燥，并应满足下列要求：

　　1 锚栓应无浮锈，否则须进行除锈处理。

　　2 钢筋的锚固部分灌胶须饱满，排除孔内残留空气。

7.2.10 化学锚栓应根据锚固胶施用形态和方向的不同采用相应的方法，且在固化完成前严禁扰动。

7.2.11 植筋焊接应在注胶前进行，若个别钢筋确需后焊接时，除应采取断续施焊的降温措施外，尚应要求施焊部位距注胶孔顶面的距离不应小于 15d（d 为钢筋直径）且不应小于 200 mm；同时必须用冰水浸渍的多层湿巾包裹植筋外露的根部。

7.2.12 在施工期间，新增结构与原结构之间用于沉降连接的螺栓可不拧紧，允许新增电梯主体完工沉降稳定后再拧紧各连接螺栓。

7.2.13 主体结构施工准备应符合以下要求：

1 应逐一排查新增结构与既有建筑连接点的实际位置与设计图纸是否有偏差。若有，应及时会同设计单位、建设单位、监理单位、钢结构加工厂、电梯厂家进行研究，调整方案、孔位等，再进行施工。

2 基础交接验收完毕，并符合本规程 7.2.6 的规定。

7.2.14 钢结构制作应满足以下要求：

1 钢结构制作应根据已批准的技术设计文件和相关技术文件并在进行工艺性审查后编制施工详图。放样和号料应根据工艺要求预留制作和安装时的焊接收缩余量及切割、刨边和铣平等加工余量。气割前将钢材切割区域表面铁锈、污物等清除干净，气割后清除熔渣和飞溅物。

2 构件成品出厂时，制作厂应将每个构件的质量检查记录及产品合格证交安装单位。在安装现场应进行复查，凡偏差大于设计允许偏差时，安装前应在地面进行修理。钢构件焊缝的外观质量和超声波探伤检查，栓钉的位置及焊接质量，以及涂层的厚度和强度应符合现行国家标准《钢结构焊接规范》GB 50661、《电弧螺柱焊用圆柱头焊钉》GB/T 10433 和《涂覆涂料前钢材表面处理表面清洁度的目视评定 第 1 部分：未涂覆过的钢材表面和全面清除原有涂层后的钢材表面的锈蚀等级和处理等级》GB/T 8923.1 等的规定。

7.2.15 钢结构运输应符合下列要求：

钢构件运输过程中宜对构件采取保护措施；确保构件涂层不受损伤，构件和零件不变形、不散失、不破坏；包装符合运输的有关规定。

7.2.16 钢结构辅助材料应符合以下要求：

1 严禁使用药皮脱落或焊芯生锈的焊条、受潮结块或已熔烧过的焊剂以及生锈的焊丝。用于栓钉焊的焊钉，其表面不得有影响使用的裂纹、条痕、凹痕和毛刺等缺陷。

2 焊接材料宜集中管理建立专用仓库，库内要干燥，通风良好。

3 螺栓宜存放于干燥通风的室内。高强度螺栓的入库验收应按现行国家标准《钢结构高强度螺栓连接的设计、施工及验收规程》JGJ 82 的要求进行，严禁使用锈蚀、沾污、受潮、碰伤和混批的高强度螺栓。

4 涂饰应符合设计要求，并按产品说明书的要求进行存储，不得使用过期、变质、结块失效的涂料。

5 新安装电梯钢结构采用的各种焊接材料、高强度螺栓、普通螺栓和涂料应符合设计文件要求，并具有质量合格证明书。

7.2.17 钢结构构件处理应符合以下要求：

1 钢结构的除锈和涂底工作应在质量检测部门对制作质量检测合格后进行。钢结构的防锈涂料和涂层厚度应符合设计要求。

2 高强度螺栓紧固后，丝扣以露出 2～4 扣为宜；高强螺栓应能自由穿入螺栓孔，严禁用榔头强行打入或用扳手强行拧入。一组高强度螺栓宜按同一方向穿入螺栓孔内，并宜以扳手向下压为紧固螺栓方向。高强度螺栓拧紧的顺序，应从螺栓群中部开始，向四周扩展，逐个拧紧。定期进行扭矩值的检查，宜每天上班时检查一次。

3 钢结构的防火防腐处理应符合下列规定：

1）涂装前钢材表面应符合设计要求和国家现行有关标准的规定。处理后的钢材表面不得有焊渣、焊疤、灰尘、油污、水和毛刺等。当设计无要求时，钢材表面除锈等级须符合《钢结构工程施工质量验收规范》GB 50205 的有关规定。

2）结构的焊接及高强螺栓连接节点，以及在安装过程中被磨损的部位应补刷涂层，涂层应采用与构件制作时相同的涂料和相同的涂刷工艺。涂层外观应均匀、平整、丰满，不得有咬底、剥落、裂纹、针孔、漏涂和明显的皱皮流坠，且应保证涂层厚度。

7.2.18 钢构件吊装与焊接应符合以下要求：

1 吊装的构件尽可能在地面组装，做好组装平台并保证其强度，组装完的构件要采取可靠的防倾倒措施。

2 建立可靠的测量体系，及时测量钢柱的垂直度和钢梁的水平度，出现偏差应立即校正。

3 在焊接前应再次对焊接接头的高度、方位、坡口形状、角度、中心轴线进行检查，确认无误后方可进行焊接。

4 焊接形式应严格按照设计要求。具体工艺流程按现行《钢结构焊接规范》GB 50661 执行。

5 焊剂在使用前必须按其产品说明书的规定进行烘培，焊丝必须除去锈蚀、油污及其他污物。

6 坡口焊接头处理：在吊装之前应对照图纸，对坡口角度和平直度进行检查，对受损和达不到图纸要求的部位进行打磨和修补处理，合格后，再对接头部位的坡口和附近内外侧表面 20 mm 范围内进行打磨清理，直至露出金属光泽。

7 现场焊接时，应采用接火器接取火花，以防火灾、烫伤等。下雨天不得露天进行焊接作业。

7.3 电梯安装施工

7.3.1 电梯安装技术、安全措施应按《电梯安装验收规范》GB/T 10060《电梯工程施工质量验收规范》GB 50310、《安装于现有建筑物中的新电梯制造与安装安全规范》GB 28621 和厂家技术文件执行。

7.3.2 电梯安装前，应对施工现场进行勘察，确保达到施工条件。

7.3.3 电梯安装施工可按照以下工艺流程进行：

施工准备—井道放线—导轨支架、导轨安装—门系统安装—曳引系统安装—对重安装—轿厢安装—安全部件安装—电气装置安装—整机调试运行—交工验收

7.3.4 建设责任主体各方及设备供应商应对电梯设备进行进场验收，确保实物与装箱清单一一对应，无破损、缺件等情况。设备入库应考虑楼板的承重能力；电气器件分类储存，并有防潮措施。

7.3.5 悬挂基准线时要充分考虑井道的前后空间尺寸，确保运动部件的安全。稳固基准线时应在无风的时候进行，并将线

坠放入水桶或油桶内以缩短线坠摆动时间，稳固后用激光垂准仪校验。

7.3.6 导轨安装应使用导轨专用校道尺。校道尺与导轨侧面、端面接触的工作面应修锉平、相互垂直，与导轨端面、侧面应贴紧。

7.3.7 当用于安装增设电梯的导轨的固定支架在井道内没有合适的混凝土圈梁作固定支撑点时，必须用穿墙螺栓在支架固定处墙面两侧用厚度不小于 10 mm 的热镀锌钢板夹紧安装。

7.3.8 确定钢丝绳长度应采用无弹性收缩的铅丝或铜制电线。截取钢丝绳时应检查钢丝绳无死弯、锈蚀、断丝等情况。

7.3.9 做绳头、挂绳之前，应先将钢丝绳放开，使之自由悬垂于井道内，消除应力。绳头组合必须安全可靠，且每个绳头组合必须安装防螺母松动和脱落的装置。

7.3.10 安装缓冲器底座首先应测量坑底深度，按缓冲器数量全面考虑布置，检查缓冲器底座与缓冲器是否配套，并进行试组装，确定其高度，无问题时方可将缓冲器安装在导轨底座上。无导轨底座时，可采用混凝土基座或加工型钢基座。如采用混凝土底座，则必须保证不破坏井道底的防水层，避免渗水后患，且需要采取措施，使混凝土底座与井道底连成一体。

7.3.11 电气系统的安装接线必须严格按照厂方提供的电气原理图和接线图进行，应正确无误，连接牢固，编号齐全准确，不得随意变更线路标号，如根据现场实际必须变更时，应及时会同生产厂家协调处理。

7.3.12 电梯电气设备的外露金属部分均应可靠接地。

8 验 收

8.1 一般规定

8.1.1 既有建筑电梯增设及改造的施工质量验收除执行本规程外，还应执行国家和四川省现行有关标准的规定。

8.1.2 单位（子单位）工程质量验收应有下列资料：

1 既有建筑的鉴定报告；

2 设计文件和设计变更文件；

3 原材料、产品出厂检验合格证和涉及安全的原材料、产品的进场见证抽样复检报告；

4 工序应检项目的现场检查记录和检验报告；

5 隐蔽工程验收记录；

6 施工质量问题的处理方案和验收记录；

7 其他必要的文件和记录等。

8.1.3 对电梯整机进行检验时，检验现场应当具备以下检验条件：

1 机房或者机器设备间的空气温度保持在 5 ℃～40 ℃；

2 电源输入电压波动在额定电压值 ±7% 的范围内；

3 环境空气中没有腐蚀性和易燃性气体及导电尘埃；

4 检验现场清洁，没有与电梯工作无关的物品和设备，基站、相关层站等检验现场放置表明正在进行检验的警示牌；

5 对井道进行了必要的封闭。

8.2 主控项目

8.2.1 水泥进场时应对其品种、级别、包装或散装仓号、出厂日期等进行检查，并应对其强度、安定性及其他必要的性能指标进行见证取样复检。

检查数量：按同一生产厂家、同一等级、同一品种、同一批号且同一次进场的水泥，以 30 t 为一批（不足 30 t，按 30 t 计），每批见证取样不应少于一次。

检验方法：检查产品合格证、出厂检验报告和进场复验报告。

8.2.2 结构用的钢筋，其品种、规格、性能等应符合设计要求。钢筋进场时，应分别按现行国家标准《钢筋混凝土用热轧带肋钢筋》GB 1499、《钢筋混凝土用热轧光圆钢筋》GB 13013、《钢筋混凝土用余热处理钢筋》GB 13014、《预应力混凝土用钢绞线》GB/T 5224 等的规定，见证取样作力学性能复验，其质量除必须符合相应标准的要求外，尚应符合下列规定：

1 对有抗震设防要求的框架结构，其纵向受力钢筋强度检验实测值应符合现行国家标准《混凝土结构工程施工质量验收规范》GB 50204 的规定。

2 对受力钢筋，在任何情况下，均不得采用再生钢筋和钢号不明的钢筋。

检查数量：按进场的批次并符合《建筑结构加固工程施工质量验收规范》GB50550 - 2010 附录 D 的规定。

检验方法：检查产品合格证、出厂检验报告和进场复验报告。

8.2.3 结构用的型钢、钢板及其连接用的紧固件，其品种、规格和性能等应符合设计要求和现行国家标准《碳素结构钢》

GB/T 700、《低合金高强度结构钢》GB/T 1591、《紧固件机械性能》GB/T 3098 以及有关产品标准的规定。严禁使用再生钢材以及来源不明的钢材和紧固件。

型钢、钢板盒连接用的紧固件进场时，应按现行国家标准《钢结构工程施工质量验收规范》GB 50205 等的规定见证取样作安全性能复检，其质量必须符合设计和合同的要求。

检查数量：按进场的批次，逐批检查，且每批抽取一组试样进行复检。组内试件数量按所执行的试验方法标准确定。

检验方法：检查产品合格证、中文标志、出厂检验报告和进场复验报告。

8.2.4 结构用的焊接材料，其品种、规格、型号和性能应符合现行国家产品标准和设计要求。焊接材料进场时应按现行国家标准《碳钢焊条》GB/T 5117、《低合金钢焊条》GB/T 5118 等的要求进行见证取样复验。复验不合格的焊接材料不得使用。

检查数量：应按《建筑结构加固工程施工质量验收规范》GB 50550 – 2010 附录 D 的规定执行。

检验方法：检查产品合格证、中文标志及出厂检验报告和进场复验报告。

8.2.5 每台电梯应具备供电系统断相、错相保护功能。当电梯供电电路出现断相或错相时，电梯应停止运行并保持停止状态。

检查数量：全数检查。

检验方法：断开主电源开关，在电源输入端，分别人为断开一相电源或将电源相序调换，接通主电源开关，检查电梯是否能正常启动。若电梯停止运行并保持停止状态，则供电系统断相、错相保护装置功能完好。

8.2.6 轿厢内对讲系统的紧急报警装置功能正常，其供电电源来自紧急照明电源。

检查数量：全数检查。

检验方法：断开正常照明供电电源，分别验证紧急照明系统、紧急报警装置的功能。

8.2.7 消防返回功能试验应满足下列要求：

1 消防开关设在基站或者撤离层。

2 消防功能启动后，电梯不响应外呼和内选信号，轿厢直接返回指定撤离层，开门待命。

检查数量：全数检查。

检验方法：电梯在停止或者运行过程中，选择一些楼层呼梯，动作消防开关，检查电梯运行和开门状况。

8.2.8 层门与轿门的试验必须符合下列规定：

1 层门强迫关门装置必须动作正常，每层层门必须能够用三角钥匙正常开启；

2 层门锁钩必须动作灵活，在证实锁紧的电气安全装置动作之前，锁紧元件的最小啮合长度为 7 mm；

3 当一个层门或轿门（在多扇门中任何一扇门）非正常打开时，电梯严禁启动或继续运行。

检查数量：全数检查。

检验方法：抽取基站、端站以及 20%其他层站的层门，用钥匙操作紧急开锁装置，验证其功能；目测锁紧元件的啮合情况，认为啮合长度可能不足时测量电气触点刚闭合时锁紧元件的啮合长度。

8.2.9 层门地坎至轿厢地坎之间的水平距离偏差为 0 ~ +3 mm，且最大距离严禁超过 35 mm。

检查数量：全数检查。

检查方法：轿厢至平层位置后，用卷尺或直尺测量层门地坎与轿厢地坎的间隙，计算偏差。

8.2.10 安全开关的验收必须符合《电梯工程施工质量验收规范》GB 50310 的相关要求。

检查数量：全数检查。

检查方法：操作验证，开关动作准确可靠。

8.2.11 电梯制动系统、曳引条件、限速器与安全钳、轿厢上行超速保护装置、缓冲器以及层门与轿门连锁等试验应符合《电梯试验方法》GB/T 10059 中相关要求。

检查数量：全数检查。

检查方法：操作验证。

8.3 一般项目

8.3.1 现浇结构和混凝土设备基础拆模后的尺寸偏差应执行《混凝土结构工程施工质量验收规范（2011 版）》GB 50204 - 2002 第 8.3.2 条的规定。当与既有建筑的轴线、标高等相关时，其相应项目的偏差应以既有建筑的轴线、标高为基准进行计算。

8.3.2 承重砖砌体尺寸、位置的允许偏差应执行《砌体结构工程施工质量验收规范》GB 50203 - 2011 第 5.3.3 的规定。当与既有建筑的轴线、标高等相关时，其相应项目的偏差应以既有建筑的轴线、标高为基准进行计算。

8.3.3 电气设备接地必须符合下列规定：

1 所有电气设备及导管、线槽的外露可导电部分均必须可靠接地（PE）；

2 接地支线应分别直接接至接地干线接线柱上，不得互相串接后再接地；

3 电源零线和接地线应分开，机房内接地装置的接地电阻值不应大于 4 Ω。

检查数量：全数检查。

检验方法：由施工单位进行检测，验收单位负责查看检测记录，必要时测量验证。

8.3.4 导体之间和导体对地之间的绝缘电阻必须大于 1 000 Ω/V，且其值不得小于：

1 动力电路和电气安全装置电路：0.5 MΩ；

2 其他电路：0.25 MΩ。

检查数量：全数检查。

检验方法：检测由施工单位进行检测，验收单位负责查看检测记录，必要时测量验证。

8.3.5 机房安全空间和维修空间，及机房、井道内设置的永久性电气照明照度均应符合《电梯安装验收规范》GB/T 10060 相关要求。

检查数量：全数检查。

检验方法：目测或者测量相关数据。

8.3.6 除垂直滑动门外，轿门关闭后，门扇之间及门扇与立柱、门楣和地坎之间的间隙，乘客电梯不应大于 6 mm，载货电梯不应大于 8 mm。

　　检查数量：全数检查。

　　检验方法：用尺测量。

8.3.7 噪声检验、平层准确度检验、运行速度检验及观感检查应符合《电梯工程施工质量验收规范》GB 50310 – 2002 中第 4.11.7 ~ 4.11.10 条的要求。

　　检查数量：全数检查。

　　检验方法：目测或测量相关数据。

本标准用词用语说明

1 为便于在执行本标准条文时区别对待，对于要求严格程度不同的用词说明如下：

　　1）表示很严格，非这样做不可的：

　　　　正面词采用"必须"，反面词采用"严禁"。

　　2）表示严格，在正常情况下均应这样做的：

　　　　正面词采用"应"，反面词采用"不应"或"不得"。

　　3）表示允许稍有选择，在条件许可时，首先应这样做的：

　　　　正面词采用"宜"，反面词采用"不宜"；

　　　　表示有选择，在一定条件下可以这样做的，采用"可"。

2 标准中指明应按其他标准、规范执行的写法为："应按……执行"或"应符合……的规定（或要求）"。

引用标准名录

1 《砌体结构设计规范》GB 50003

2 《建筑地基基础设计规范》GB 50007

3 《建筑结构荷载规范》GB 50009

4 《混凝土结构设计规范》GB 50010

5 《建筑设计防火规范》GB 50016

6 《钢结构设计规范》GB 50017

7 《建筑抗震鉴定标准》GB 50023

8 《供配电系统设计规范》GB 50052

9 《低压配电设计规范》GB 50054

10 《通用用电设备配电设计规范》GB 50055

11 《建筑物防雷设计规范》GB 50057

12 《住宅设计规范》GB 50096

13 《地下工程防水技术规范》GB 50108

14 《火灾自动报警系统设计规范》GB 50116

15 《民用建筑隔声设计规范》GB 50118

16 《建筑灭火器配置设计规范》GB 50140

17 《城市居住区规划设计规范》GB 50180

18 《建筑地基基础工程施工质量验收规范》GB 50202

19 《砌体结构工程施工质量验收规范》GB 50203

20 《混凝土结构工程施工质量验收规范》GB 50204

21 《钢结构工程施工质量验收规范》GB 50205

22 《民用建筑可靠性鉴定标准》GB 50292

23 《电梯工程施工质量验收规范》GB 50310

24 《混凝土结构加固设计规范》GB 50367

25 《建筑结构加固工程施工质量验收规范》GB 50550

26 《钢结构焊接规范》GB 50661

27 《砌体结构加固设计规范》GB 50702

28 《工程结构加固材料安全性鉴定技术规范》GB 50728

29 《无障碍设计规范》GB 50763

30 《钢筋混凝土用热轧带肋钢筋》GB 1499

31 《电梯制造与安装安全规范》GB 7588

32 《涂覆涂料前钢材表面处理表面清洁度的目视评定 第 1 部分：未涂覆过的钢材表面和全面清除原有涂层后的钢材表面的锈蚀等级和处理等级》GB/T 8923.1

33 《钢筋混凝土用热轧光圆钢筋》GB 13013

34 《安装于现有建筑物中的新电梯制造与安装安全规范》GB 28621

35 《碳素结构钢》GB/T 700

36 《低合金高强度结构钢》GB/T 1591

37 《紧固件机械性能》GB/T 3098

38 《碳钢焊条》GB/T 5117

39 《低合金钢焊条》GB/T 5118

40 《钢筋混凝土用余热处理钢筋》GB/T 5223

41 《预应力混凝土用钢绞线》GB/T 5224

42 《电梯主参数及轿厢、井道、机房的型式与尺寸第 1 部分：Ⅰ Ⅱ Ⅲ Ⅵ类电梯》GB/T 7025.1

43 《电梯试验方法》GB/T 10059

44 《电梯安装验收规范》GB/T 10060

45 《电弧螺柱焊用圆柱头焊钉》GB/T 10433

46 《建筑结构检测技术标准》GB/T 50344

47 《建筑变形测量规范》JGJ 8

48 《民用建筑电气设计规范》JGJ 16

49 《钢结构高强度螺栓连接的设计、施工及验收规程》JGJ 82

50 《高层民用建筑钢结构技术规程》JGJ 99

51 《建筑抗震加固技术规程》JGJ 116

52 《既有建筑地基基础加固技术规范》JGJ 123

53 《建筑施工起重吊装工程安全技术规范》JGJ 276

54 《钢结构加固设计规范》CECS 77

55 《特种设备安全技术规范》TSG T 7001

56 国标图集《住宅设计规范》13J 815

57 国标图集《电梯、自动扶梯、自动人行道》13J 404

58 《四川省建筑抗震鉴定与加固技术规程》DB 51/T 5059

四川省工程建设地方标准

四川省既有建筑电梯增设及改造技术规程

DBJ51/T 033－2014

条 文 说 明

目　次

2 术语和符号

2.1 术　语

2.1.1　只要该建筑已经建成并通过竣工验收或质量验收，不管是否已投入使用，它实际上已经按照图纸和变更完成了上一个建设周期，该建筑就应该是既有建筑。国家实行竣工验收制度之前建造的建筑，实际已投入正常使用多年，最少的已近30年，也应列入既有建筑的范围。不包括近年修建的违章建筑、烂尾楼和未竣工验收的建筑。

3 基本规定

3.0.2 由于在实际工程中，部分单位不重视电梯增设及改造对原结构的影响，直接委托电梯公司进行电梯改造，未考虑电梯增设及改造对原结构的不利影响以及与原结构的可靠连接，致使增设电梯后的结构存在安全隐患。

3.0.6～3.0.9 这几条规定是为了加强施工人员、施工单位及检测机构的管理。在调查中发现，既有建筑电梯增设及改造的工程多是由经营规模较小、资质等级较低的单位承建，其在施工用人中也发现不少违规现象，如：项目管理人员无安全生产考核合格证书，特种作业操作人员无特种作业操作资格证书等，对施工质量和安全造成严重隐患，故应加强管理。

4 建筑设计

4.1 一般规定

4.1.1 一般情况下，电梯增设及改造后的建筑间距、建筑日照应满足现行规划管理技术规定的要求，当建筑间距、退红线距离等既有规划许可条件比现行规定小时，不应超过既有规划许可的指标，并经当地规划主管部门同意。电梯增设及改造应满足现行规范对周边建筑日照影响等相关要求，周边建筑或用地为有日照要求的住宅、医院、学校、幼儿园等，应进行日照分析计算。电梯增设及改造应满足现行消防设计规范。

4.1.2 当电梯增设及改造对既有建筑风、光、声环境有影响时，考虑到避免公共利益纠纷，或引起的公共利益纠纷相对容易解决，使既有建筑电梯增设及改造更具可实施性，本条规定不得低于既有建筑修建时的相关规范要求，并尽量达到满足现行相关规范。

4.1.3 为确保既有建筑电梯增设及改造的承重及围护结构安全性，防止意外事故，本条参照《城市居住区规划设计规范（2002年版）》GB 50180 – 93 第 8.0.5.8 条有关规定。

4.2 设 计

4.2.3 十二层及以上住宅应设置可容纳担架的电梯参照《住宅设计规范》GB 50096 – 2011 第 6.4.2 条。考虑到既有居住建筑老年人居住比例较高，因此提倡十一层及以下住宅电梯增设及改造宜设置可容纳担架的电梯。

4.2.4　电梯参数参照《电梯主参数及轿厢、井道、机房的型式与尺寸　第1部分：Ⅰ Ⅱ Ⅲ Ⅵ类电梯》GB/T 7025.1 要求。可容纳担架的电梯参照国标图集《住宅设计规范》13J 815 和《电梯、自动扶梯、自动人行道》13J 404 执行。

4.2.6　一般情况下，电梯增设及改造所增加的建筑面积、建筑密度、容积率等指标不应超过既有规划许可的指标，如超过应经规划等有关部门审批同意。

4.2.7　电梯增设及改造一般情况下增设加压送风井道有难度，并且容易造成既有建筑通风、排烟、采光量不够，因此电梯增设及改造设计宜优先考虑利用阳台、凹廊等开敞空间解决前室或合用前室的通风、采光等要求。

4.2.8　电梯增设及改造对既有建筑的噪音影响，应满足现行《民用建筑隔声设计规范》GB 50118 的要求。

4.2.11　电梯基坑防水设计参照《地下工程防水技术规范》GB 50108 的地下室防水设计，考虑到底坑设有电梯部件，为保障增设电梯的可靠性，本条对底坑的防水等级作出规定。

4.2.13　非砌体结构的电梯井壁宜选用空心砖隔墙、加气混凝土砌块或板材、双层防火石膏板、纤维水泥板、铝板等轻质防火墙体材料。当电梯井壁采用轻型板材与钢结构连接时，应考虑防火涂料的厚度对安装尺寸的影响。

4.2.14　底坑下方避免使用的措施宜采用轻质墙体封闭成不可用空间。确有需要使用时应采取必要的安全措施，可采取在对重装置上增设安全钳、在满足结构计算前提下于底坑下方对重运行区域加设一直延伸到坚固地面上的实心桩墩等方式。

4.2.15 对既有建筑出入口、地面高差等进行无障碍改造设计应满足《无障碍设计规范》GB 50763 等相关要求。

5 结构设计

5.1 一般规定

5.1.2 一般情况下，既有建筑电梯增设及改造时，应对原结构进行安全性鉴定，当有抗震设防要求时，尚应进行抗震鉴定。当既有建筑电梯增设及改造不影响原结构时，原则上可不对原结构的安全性进行判断；对老旧房屋，虽然增设电梯改造不影响原结构，但因电梯改造后原房屋的局部使用功能调整，荷载发生变化，以及可能原结构本身存在安全隐患，应结合电梯增设及改造一并对原结构存在的安全隐患进行处理。

5.1.5 本条编制要点如下：

1 结构改造的设计使用年限，应与结构改造后的使用状态及其维护制度相联系，否则是无法确定的。因此，本规程给出的是在正常使用与定期维护条件下的设计使用年限，至于其他使用条件下的设计使用年限，应由专门技术规程作出规定。

2 当结构改造使用的是传统材料（如混凝土、钢和普通砌体），且其设计计算和构造符合本规程的规定时，可按业主要求的年限但不高于 50 年确定。当使用的材料含有合成树脂（如常用的结构胶）或其他聚合物成分时，其设计使用年限宜按 30 年确定。若业主要求结构改造的设计使用年限为 50 年，其所使用的合成材料的粘结性能，应通过耐长期应力作用能力的检验。检验方法应按现行国家标准《工程结构加固材料安全性鉴定技术规范》GB 50728 的规定执行。

3 因增设电梯改造为局部改造,应考虑原建筑物(或原结构)剩余设计使用年限对结构加固设计使用年限的影响。

4 结构加固部分的定期检查维护制度应由设计单位制定,检查维护由业主委托有能力的单位执行。

5.1.6 混凝土结构的改造设计,系以委托方提供的结构用途、使用条件和使用环境为依据进行的。倘若改造后任意改变其用途、使用条件或使用环境,将显著影响结构改造部分的安全性及耐久性。因此,改造前必须经技术鉴定或设计许可。

5.2 材 料

5.2.1 结构加固用的混凝土,其强度等级之所以要比相应加固部位原结构或构件提高一级,且不得低于 C30,主要是为了保证新旧混凝土界面以及其与新加钢筋或其他材料之间有足够的粘结强度。

为了使结构加固用的混凝土具有微膨胀的性能,应寻求膨胀作用发生在水泥水化过程的膨胀剂,才能抵消混凝土在硬化过程中产生收缩而起到预压应力的作用。为此,当购买微膨胀水泥或微膨胀剂产品时,应要求厂商提供该产品在水泥水化过程中的膨胀率及其与水泥的配合比;与此同时,还应要求厂商说明其使用的后期回缩问题,并提供不回缩或回缩率极小的书面保证,因为微膨胀剂能否起到长期的施压作用,直接涉及加固结构的安全。

5.2.2 普通砖包括烧结、蒸压、混凝土普通砖，多孔砖包括烧结、混凝土多孔砖。

5.2.3 砌体结构加固用的块材主要用于原材料块材的置换或接长，其品种与原构件块材相同时，构造较易处理。对外加砌体扶壁柱，只要外观能被业主接受，也可采用不同品种的块材砌筑。

5.2.4 砌体结构外加面层的砂浆是要参与承载的，因而应对其强度等级提出要求。

5.2.7 本规程对结构加固用钢材的选择，主要基于以下两点考虑：

　　1 在二次受力条件下，具有较高的强度利用率和较好的延性，能较充分地发挥被加固构件新增部分的材料潜力。

　　2 具有良好的可焊性，在钢筋、钢板和型钢之间焊接的可靠性能得到保证。

5.2.8 对结构加固用的纤维复合材，本规范选择了以碳纤维、芳纶纤维和玻璃纤维制作，现分别说明如下：

　　1 当采用聚丙烯腈基碳纤维时，还必须采用 15K 或 15K 以下的小丝束；严禁使用大丝束纤维；其所以作出这样严格的规定，主要是因为小丝束的抗拉强度十分稳定，离散性很小，其变异系数均在 5%以下，容易在生产和使用过程中，对其性能和质量进行有效的控制；而大丝束则不然，其变异系数高达 15% ~ 18%，且在试验和试用中所表现出的可靠性较差，故不能作为承重结构加固材料使用。

　　另外，K 数大于 15、但不大于 24 的碳纤维，虽仍属小丝束的范围，但由于我国工程结构使用碳纤维的时间还很短，所积累的成功经验均是从 12K 和 15K 碳纤维的试验和工程中取得的；对大于 15K 的小丝束碳纤维所积累的试验数据和工程使用经验均嫌不足，因此，在此次修订的本标准中，仅允许使用 15K 及 15K 以下的碳纤维。这一点应提请加固设计单位注意。

2 对芳纶纤维在承重结构工程中的应用，必须选用对位芳香族聚酰胺长丝纤维；同时，还必须采用线密度不小于 3 160 dtex（分特）的制品；才能确保工程安全。

芳纶纤维韧性好，又耐冲击、耐疲劳，因而常用于有这方面要求的结构加固。另外，还用于与碳纤维混杂编织，以减少碳纤维脆性的影响。芳纶纤维的缺点是吸水率较大，耐光老化性能较差。为此，应采取必要的防护措施。

3 对玻璃纤维在结构加固工程中的应用，必须选用高强度的 S 玻璃纤维、耐碱的 AR 玻璃纤维或含碱量低于 0.8% 的 E 玻璃纤维（也称无碱玻璃纤维）。至于 A 玻璃纤维和 C 玻璃纤维，由于其含碱（K、Na）量高，强度低，尤其是在湿态环境中强度下降更为严重，因而应严禁在结构加固中使用。

4 预浸料由于储存期短，且要求低温冷藏，在现场施工条件下很难做到，常常因此而导致预浸料提前变质、硬化。若勉强加以利用，将严重影响结构加固工程的安全和质量，故作出严禁使用这种材料的规定。

5.2.9 这两个等级的主要区别在于其韧性和耐湿热老化性能的合格指标不同。因此，在实际工程中，业主和设计单位对参与竞争的不同品牌胶粘剂所进行的考核，也应侧重于这方面，而不宜单纯做简单的强度检验以决高低。因为这样做的结果，往往选中的是短期强度虽高，但却是十分脆性的劣质胶粘剂，而这正是推销商误导使用单位的常用手法。

5.3 结构鉴定

5.3.1 既有建筑电梯增设及改造的鉴定一般按照本规程图 5.3.1 的框图程序进行，包括接受委托，搜集鉴定所需要的基本资料，对搜集到的资料进行初步分析、成立鉴定组、制订现场检查及检测方案、确定现场工作内容及方法，综合搜集到的资料、现场检查及检测结果，并结合结构分析验算，作出鉴定结论和建议。由于现场实际情况的变化，鉴定程序可根据实际情况调整。例如：所鉴定的既有建筑基本资料严重缺失，则首先应进行现场初步调查，根据调查的情况分析确定现场检查及检测的方法和内容。现场调查情况与搜集的资料不符或在现场检查及检测后发现新的问题则有可能需要进行进一步补充调查与检测。

5.3.2 在现行国家标准《民用建筑可靠性鉴定标准》GB 50292 中，明确了初步调查阶段应收集查阅的包括岩土工程勘察报告、设计计算书、设计变更记录、施工图、施工及施工变更记录、竣工图、竣工质检及验收文件（包括隐蔽工程验收记录）、定点观测记录、事故处理报告、维修记录、历次加固改造图纸等在内的资料。但对于既有建筑增设电梯的鉴定工作，除了常规的鉴定工作所需的基础资料之外，还应包括拟增设电梯的相关资料。

5.3.4 考虑增设电梯改造对原结构的影响，在增设电梯改造前对原结构构件检查及检测时，抽样规则应区别对待。对增设电梯改造直接受影响的结构构件应详细检测，这些检测结果可为后期的改造和加固设计提供依据；对其余部位可按现行国家标准《民用建筑可靠性鉴定标准》GB 50292 的要求进行检测。

5.4 结构加固和新增结构设计

5.4.1 由于实际施工可能导致结构构件与设计图纸存在差异，在现行国家标准《民用建筑可靠性鉴定标准》GB 50292 - 1999中明确规定应按照结构的实际状况（材料强度、截面尺寸、荷载、配筋、构造等）进行鉴定。对于增设及改造电梯尤其要注意，不能盲目地仅根据原设计图纸进行改造设计。

5.4.3 钢结构自重轻、抗震性能好，施工方便。

5.4.4 对于增设电梯的新增构件的荷载取值、设计计算、设计构造等应按现行国家标准的要求进行结构设计。

5.4.5 在既有建筑外部增设电梯时，增设部分的长度和宽度通常较小而高度较高，在水平力作用下抗侧刚度较弱。与主体结构连接，可以减小水平位移，但应采取措施使竖向荷载不传递到主体结构。因此，增设部分的结构与主体的连接宜采用竖向可以滑动的铰接，确保新增电梯的竖向荷载不传递给主体结构。因此，当增设部分的结构形式采用钢结构时，与主体的连接宜采用竖向可以滑动的铰接，确保新增电梯的竖向荷载不传递给主体结构。

5.4.6 当在既有建筑外部增设电梯改造时，需要邻近新增电梯侧的原结构构件为新增电梯井道提供侧向支撑时，且原构件侧向刚度或强度较弱时，应对原构件进行加固处理，且应确保侧向力能够在原结构中有效传递,可能需要对附近的原结构构件进行加固处理。

5.4.7 当在既有建筑内部增设电梯或改造时,针对不同的原结构类型,对电梯井道附近的原结构构件提出了不同的加固方法,不同的方法有不同的适用范围。同时,也不排除同一构件采用多种加固方法的可能。

5.4.9 防水层破坏后很难处理,基础破坏后将对结构的安全带来较大的影响。当电梯基坑位于地下室底板,建议在地下室底板上垫高做基坑。

5.4.10 增设电梯加固改造时,有时增设的电梯是采用新增基础,此时原结构的沉降已经完成,新增部分的基础需要根据具体的地质条件考虑其沉降差对增设电梯和原结构可能带来的影响。

5.4.11 在一定条件下,现有天然地基竖向承载力验算时,可考虑地基土的长期压密效应。地基土在长期荷载作用下,物理力学特性得到改善,主要原因有:土在建筑荷载作用下的固结压密;机械设备的振动加密;基础与土的接触处发生某种物理化学作用。大量工程实践和专门试验表明,已有建筑的压密作用,使地基土的孔隙比和含水率减小,可使地基承载力提高20%以上;当基底容许承载力没有用足时,压密作用相应减少。岩石和碎石类土的压密作用和物理化学作用不显著,因粘土的资料不多,软土、液化土和新近沉积粘性土又有液化或震陷问题,承载力不宜提高,故其提高系数取1.0。

5.4.12 扩大基础底面积加固的特点:经济、加强基础刚度与整体性、减少基底压力、减少基础不均匀沉降，因此，采用该方法加固地基基础较为普遍。

采用混凝土或钢筋混凝土套加大基础底面积不能满足地基承载力和变形等的设计要求时，可将原独立基础改为条形基础，将原条形基础改为十字交叉条形基础。这样更能扩大基底面积，用以满足地基承载力和变形的设计要求；另外，由于加强了基础的刚度，也可以减少地基的不均匀沉降。

5.5 构造规定

5.5.2 新增电梯钢立柱与主体结构上后置连接件之间的连接，应采取措施，确保新增电梯的竖向荷载不传递给主体结构。

5.5.3 焊缝应达到相应的防腐蚀设计年限。

5.5.6 构造柱纵筋的根数及直径需同时满足表 5.5.6 的要求。

6 建筑设备

6.1 暖通空调

6.1.1 电梯机房应保持在 5~40 ℃ 以保证电梯设备的正常运行。机房内的曳引机、控制柜等设备发热量较大，容易造成通风不良的电梯机房温度升高。夏季受到围护结构得热的影响，处于外区或屋顶的电梯机房容易出现温度超出机电设备工作范围的情况，导致电梯无法正常运行，严重者甚至导致电线老化，设备寿命减少。条文要求电梯机房设置良好的通风措施，有必要时，应设置空调装置对机房降温。

6.1.2 电梯井道的温度不宜超过 40 ℃。电梯井道设置适当的通风设施，可以满足设备运行条件及井道卫生要求。

有机房电梯的电梯井顶部设有与机房连通的电缆导线、曳引钢丝绳、限速器绳等开口。《电梯制造与安装安全规范》GB 7588 建议通风口面积至少为井道截面面积的 1%，电缆导线、曳引钢丝绳、限速器绳等开口总面积一般都能满足此要求。由于存在防火的要求，电梯井道的通风口大小应适当控制，因此，有条件时应尽量利用井道固有的洞口通风。

无机房电梯主要发热设备均布置在井道内，很容易造成密闭的井道内空气温度超出设备正常工作范围，使电梯无法正常运行；安装在建筑外墙上的观光电梯（多采用无机房电梯），由于受到太阳辐射的影响，井道内温度环境更加恶劣。设计应特别注意无机房电梯井道的通风问题。

制冷时，轿厢空调向电梯井道内散热，同时将冷凝水汽化后直接排至电梯井道。设置适当的通风设施、维持井道良好热湿环境，不但有利于电梯设备的正常运行，更容易保证乘坐电梯人员的卫生需求。

电梯井道是防止火灾蔓延的薄弱环节，所以《电梯制造与安装安全规范》GB 7588 对于电梯井道开口有严格的限制。电梯井道的自然通风口直通室外，可避免火灾通过电梯井道在不同楼层之间蔓延。机械通风系统的风管管材、防火隔断措施等，应严格按照现行国家防火规范的要求执行；风管上设置常闭风阀有利于削弱烟囱效应引起的火灾蔓延。

电梯井道的烟囱效应虽然有利于通风效果，但也会造成设置空调或采暖设施的场所冷、热量流失；另外，井道烟囱效应还会使电梯门两侧形成压差，严重时造成电梯门开启困难（对于超高层建筑，以上现象尤为明显）。电梯井道自然通风口设置可关闭严密的装置，或在机械通风的管道上设置常闭风阀，井道无需通风时关闭通风路径，可削弱烟囱效应，缓解其不利影响。

6.1.3 根据《电梯制造与安装安全规范》GB 7588 的相关规定，对严寒及寒冷地区电梯井道内设置采暖设施提出要求。

6.2 给水排水

6.2.1 建筑物外新增电梯且雨水有可能进入电梯井道时，可能对电梯运行的安全性带来隐患，故规定设置排水设施。

6.2.3 增设独立电梯时，新增电梯前室、电梯机房应设置建筑灭火器。建筑物内增设电梯时，应复核原设置建筑灭火器数量和距离是否满足《建筑灭火器配置设计规范》GB 50140 要求，不足时应增设。

6.2.4 集水坑布置的位置应便于排水泵安装、检修，相邻电梯井布置便于排水管连接。

6.2.5 地坪排水和水沟排水进入电梯井底，有可能影响电梯正常运行，故规定不得排入。

6.3 建筑电气

6.3.1 在电梯增设及改造中为了避免随意取电、规范其供配电设计、确保用电安全，本条对负荷级别确定及供配电设计加以强调。

6.3.2 新增电梯用电宜设置计量装置，一方面因为部分项目需要对增加的电梯电能消耗分摊费用；另一方面是因为部分项目需要内部参考计量。

6.3.3 电梯的供电线路指的是引至电梯配电箱的线路，由于电梯井的烟囱效应，火灾容易蔓延，因此防火工作极为重要，为电梯供电的线路不得设置在井道内是为了减少电源线路产生火灾的可能性。由于室外环境较室内恶劣，沿外墙明敷设的线路与室内敷设相比绝缘更易老化；且沿外墙明敷设不便于后期维护，对建筑物外立面效果亦有影响，因此本条规定不得沿外墙明敷设。井道照明、轿厢照明、轿厢空调用电等电源线路以及电梯的控制、监控、对讲等弱电线路，为电梯专用线路，可设置在电梯井道内。

6.3.4 《特种设备安全技术规范》TSG T 7001 - 2009 附件 A 第 4.8 项要求轿厢内应当设置对讲系统作为紧急报警装置，以便与救援服务维持联系，因此本条规定要求电梯轿厢应设置与外界联系的装置。当既有建筑有值班管理室时，轿厢内宜能与值班管理室直接通话，能及时将求助信息发送至管理人员。

6.3.6 电梯机房、井道、轿厢中电气装置的间接接触保护设计可根据《通用用电设备配电设计规范》GB 50055 - 2011 第 3.3.7 条和《民用建筑电气设计规范》JGJ 16 - 2008 第 9.4.9 条执行。

6.3.7 电梯增设及改造后，建筑平面会有相应的变化，除了对电梯进行相应的电气设计外，尚应结合水暖等专业资料，完善变更平面后的电气内容，包括照明、防雷接地、消防等。应结合已有的防雷接地措施，对变更后的建筑平面防雷、接地进行复核，确定是否应当配套完善相应的防雷及接地设计，防雷接地设计应符合现行《建筑物防雷设计规范》GB 50057 相关规定。当既有建筑设有火灾自动报警系统时，应当对火灾自动报警及消防联动平面进行设计，消防联动控制除包括电梯相关控制外，还包括水暖专业提资的消火栓、排烟口、正压送风口、消防风机等的联动控制，消防联动控制设计应符合现行《火灾自动报警系统设计规范》GB 50116 相关规定。

7 施 工

7.1 施工准备

7.1.1 本条规定是为了强调既有建筑增设及改造的施工特殊性，其施工组织较一般新建建筑施工有所区别，既有建筑多数处于使用过程中，对其财产、人员、设备运行的保护，需要详细调查，并制订相应既能安全施工、又不影响运行的措施，尤其是不能影响隐蔽工程，如煤气、水、电等管线。

7.1.2~7.1.3 这两条规定是为了加强原材料、成品、半成品的质量管理，杜绝不合格材料进入现场。既有建筑电梯增设及改造工程，涉及对原有结构的加固、新结构的施工及与原有结构的连接，需使用材料品种繁多，部分材料质量差异性较大。近年来，已发现多种施工材料有以次充好、以假换真等现象，如胶粘剂、锚栓等，所以不同的材料应严格按照标准通过相应检测机构的检测手段和合理的现场材料管理制度来保证材料合格。

7.2 土建施工

7.2.4 基础钢筋和预埋件的施工是整个工程的重点，其质量和定位将直接影响上部结构的施工。已发现有施工单位因为预埋件偏离设计位置，导致上部钢结构无法正常安装，私自对钢构件进行切割的情况。故在基础钢筋绑扎和预埋件可靠固定安装后应按设计要求检查验收，浇筑混凝土后不得碰撞、移位钢筋和预埋件，并在浇筑后及时养护，以保证基础施工质量。

7.2.7 在实际施工过程中可能发现原结构或相关隐蔽部位构造本身的施工存在严重质量缺陷，如混凝土本身浇筑不密实、钢筋漏设等，与建筑原设计和加固设计不符，此时应暂停施工，并会同建设单位、设计单位、监理单位采取有效措施后方能继续施工。

7.2.8 本规定主要强调对原有钢筋的保护，作为新增电梯与原结构的连接部位，其原有受力钢筋对连接部位的强度至关重要，故要求对内部钢筋情况进行测定。当测定到孔位与重要受力钢筋重合时，应适当调整孔位，并应及时通知钢结构制造厂或加工厂调整钢结构节点板以适应新孔位。

7.2.10 化学锚栓锚固胶的固化是形成锚栓粘结力的重要过程，期间对其有碰撞等扰动都将严重影响固化效果，降低锚固胶的粘结力，故在施工过程中应严禁扰动干扰。

7.2.11 在先植筋的情况下，倘若采取了有效的降温措施，虽然仍可对个别植筋进行补焊，但总归存在着一定风险，故在实际工程中，对成批的植筋仍应坚持先焊接后植筋的原则，以确保胶层不致因高温作用而受顺伤。

7.2.14～7.2.15 在现行《高层民用建筑钢结构技术规程》JGJ 99 及《钢结构工程施工质量验收规范》GB 50205 中明确规定了钢结构一般要求、材料、放样、号料和切割、矫正和边缘加工、组装、焊接、制孔、摩擦面的加工、端部加工、防锈涂层、编号及发运。

7.2.16 《钢结构高强度螺栓连接的设计、施工及验收规程》

JGJ 82、《钢结构焊接规范》GB 50661、《高层民用建筑钢结构技术规程》JGJ 99 中，都对相关钢结构使用材料作出明确规定。对于影响结构安全的高强螺栓及焊接材料要求必须达到设计和规范中的要求。

7.2.17 构件制作完毕后，检查部门应按施工详图的要求和《高层民用建筑钢结构技术规程》JGJ 99 的要求，对成品进行检查验收，并按规定作好防火防腐处理；螺栓的安装过程必须符合《钢结构工程施工质量验收规范》GB 50205 的规定。

7.2.18 钢结构在安装施工过程中，对于起重吊装工程应按照《建筑施工起重吊装工程安全技术规范》JGJ 276 进行起重吊装作业；钢结构焊接过程应按照《钢结构焊接规范》GB 50661 进行焊接作业。

7.3 电梯安装施工

7.3.2 对施工现场的勘察，应以电梯设备生产厂家技术文件与施工图纸为依据，重点勘察对象为井道尺寸、预埋件位置等是否符合要求。

7.3.6 导轨垂直度、间距、扭曲度的大小决定了电梯最终的舒适性能，需严格保证安装的精确度，所以应使用专用的校导尺，并严格把控与导轨接触面的平整度和与导轨贴合的紧密度。

8 验 收

8.1 一般规定

8.1.1 既有建筑电梯增设及改造的施工验收涉及标准较多，如《混凝土结构工程施工质量验收规范》GB 50204、《砌体结构工程施工质量验收规范》GB 50203、《钢结构工程施工质量验收规范》GB 50205、《建筑结构加固工程施工质量验收规范》GB 50550、《电梯试验方法》GB/T 10059、《电梯工程施工质量验收规范》GB 50310、《电梯安装验收规范》GB/T 10060、《电梯监督检验和定期检验规则——曳引与强制驱动电梯》TSG T 7001等，在本规程中仅列出在不同规范中有差异需统一和结合原有工程施工与现行标准规范验收有出入的内容，其余按国家、行业和四川省现行有关标准的规定执行。

8.1.2 按照5.12条要求，当需要鉴定时，应提交鉴定报告。资料很重要，因为鉴定报告是对既有建筑能否增设电梯的安全性的鉴定评估，是电梯增设设计施工的前提。为此在一般工程资料收集的基础上，要求鉴定报告进入档案资料。

8.1.3 检验现场主要指机房或者机器设备间、井道、轿顶、底坑。特殊情况下，电梯设计文件对温度、湿度、电压、环境空气条件等进行了专门规定的，检验现场的温度、湿度、电压、环境空气条件等应当符合电梯设计文件的规定。

8.2　主控项目

8.2.1～8.2.4　水泥、钢筋、型钢、钢板及其连接用的紧固件、焊接材料对结构的安全性影响较大，而在既有建筑电梯增设及改造工程中用量较小，不同规范要求有差异，为了保障安全，统一规定按《建筑结构加固工程施工质量验收规范》GB 50550 的要求进行抽样复检。

8.2.5　当错相不影响电梯正常运行时可没有错相保护装置或功能。

8.2.7　既有建筑电梯增设及改造若设计和施工含有消防联动功能，则应试验此项目。

8.3　一般项目

8.3.1～8.3.2　由于既有建筑的轴线、标高等有误差，其相应项目的偏差若不以既有建筑的轴线、标高为基准，就会导致加建工程与既有建筑的不一致。

8.3.4　其他电路指控制、照明、信号等。